BEI GRIN MACHT SICH IHR WISSEN BEZAHLT

- Wir veröffentlichen Ihre Hausarbeit,
  Bachelor- und Masterarbeit

- Ihr eigenes eBook und Buch -
  weltweit in allen wichtigen Shops

- Verdienen Sie an jedem Verkauf

Jetzt bei www.GRIN.com hochladen
und kostenlos publizieren

Attila Toth

Landschaftsarchitektonische Neugestaltung und Entwicklung ländlicher Räume

GRIN Verlag

Impressum:

Copyright © 2012 GRIN Verlag GmbH
Druck und Bindung: Books on Demand GmbH, Norderstedt Germany
ISBN: 978-3-656-31058-7

Dieses Buch bei GRIN:

http://www.grin.com/de/e-book/203904/landschaftsarchitektonische-neugestaltung-
und-entwicklung-laendlicher-raeume

SLOWAKISCHE LANDWIRTSCHAFTLICHE UNIVERSITÄT IN NITRA
FAKULTÄT FÜR GARTENBAU UND LANDSCHAFTSPLANUNG
LEHRSTUHL FÜR LANDSCHAFTSARCHITEKTUR

LANDSCHAFTSARCHITEKTONISCHE NEUGESTALTUNG UND ENTWICKLUNG LÄNDLICHER RÄUME

Dipl.-Ing. Attila TÓTH

2012

Ich erkläre hiermit ehrenwörtlich, dass ich meine Arbeit mit dem Thema *„Landschaftsarchitektonische Neugestaltung und Entwicklung ländlicher Räume"* ohne fremde Hilfe angefertigt habe, und dass ich die Übernahme wörtlicher Zitate aus der Literatur sowie die Verwendung der Gedanken anderer Autoren an den entsprechenden Stellen innerhalb der Arbeit gekennzeichnet habe.

Nitra, am 30. Oktober 2012
Ort, Datum

Unterschrift

Inhaltsverzeichnis

Abkürzungsverzeichnis

ROP – Raumordnungsplan

REK – Räumliches/Regionales Entwicklungskonzept

FLÄWI – Flächenwidmungsplan

USA – die Vereinigten Staaten Amerikas (United States of America)

EGA – die Europäische Greenways Assoziation (European Greenways Association)

Tabellenverzeichnis

Abbildungsverzeichnis

Abstract

In der Projektarbeit werden die aktuellen Probleme ländlicher Räume in der Slowakei bestimmt und beschrieben. Das Ziel der Arbeit ist die Zusammenstellung eines methodischen Leitfadens für nachhaltige Planung und Entwicklung ländlicher Gemeinden. Die Prinzipien und Aufgaben der Neugestaltung und Entwicklung ländlicher Räume werden auf drei Ebenen dargestellt. Auf der ersten Ebene wird die mikroregionale Kooperation ländlicher Gemeinden und ihre Bedeutung für die Dorferneuerung und Dorfentwicklung dargestellt. Anhand Positivbeispiele aus Österreich und Deutschland werden Entwicklungsmöglichkeiten und Strategien für die Slowakei festgelegt. Die Projektarbeit beinhaltet eine Übersicht von slowakischen Planungskonzepten, die mit deutschen und österreichischen verglichen werden. Als ein progressives Planungsinstrument wird der Greenways Ansatz eingehend vorgestellt und charakterisiert. Dabei wird der Schwerpunkt auf die Prinzipien, Aufgaben, Funktionen und praktische Verwendbarkeit der Greenways gelegt. Auf der zweiten Ebene wird die Siedlung mit der umgebenden Landschaft als ein zusammenhängendes Ganzes charakterisiert. Betont wird die Wichtigkeit der Verbindung zwischen Landschaft und Siedlung. Die ländlichen Räume werden anhand der Landschaftsstruktur, Flur- und Siedlungsformen beschrieben. Auf der dritten Ebene wird die Siedlung, ihre städtebauliche Struktur und Architektur charakterisiert. Beschrieben werden die Grün- und Freiräume des Dorfes und der Dorfkern (Dorfplatz oder Anger). Als ein möglicher Planungszugang für die ländlichen Räume wird die partizipative Planung beschrieben.

Schlüsselwörter

Mikroregion,   Greenways,   ländlicher Raum,   Anger,   partizipative Planung

Einleitung

Die Dorferneuerung gehört sowohl in der Slowakei als auch im Ausland zu den zeitgenössischen Fragestellungen der Raum-, Landschafts- und Infrastrukturplanung. In den letzten Jahrzehnten war die Entwicklung unserer ländlichen Siedlungen mit markanten Änderungen verbunden, die eine sichtbare Spur an Siedlungsstrukturen, ästhetischen Werten, gesellschaftlichem Leben, Lebensweise und Identität der ländlichen Bevölkerung hinterlassen haben. Die Dorfbewohner haben sich einem bedeutenden demografischen Wandel unterzogen. Die Folgen der funktionalistischen Eingriffe in die Architektur, Raum- und Landschaftsstruktur der ländlichen Räume der Slowakei sind heute durch überdimensionierte Verkehrsstrukturen, funktionalistische Architektur ohne dörfliche Atmosphäre und Schrumpfung des ländlichen Charakters der Siedlungen deutlich wahrnehmbar.

Die Neugestaltung der ländlichen Räume stellt eine ganz spezifische Kategorie in der Freiraum- und Landschaftsplanung dar, die sich vor allem aus der unterschiedlichen historischen Entwicklung im Vergleich zur Entwicklung städtischer Räume ergibt. Bei der Planung ruraler Räume muss besonders darauf geachtet werden, dass die kulturhistorischen Werte und der ländliche Charakter des Dorfes nicht nur erhalten, sondern mittels Architektur und Landschaftsarchitektur auch noch unterstrichen werden. Zusätzlich zu diesen Aspekten spielt auch die Sozioökonomie eine sehr wichtige Rolle im Prozess der Neuordnung und Entwicklungsplanung unserer Dörfer. Die Wirtschaftskraft der Dörfer ist wesentlich niedriger als die Wirtschaftskraft der Städte, deswegen müssen die Gemeinden einen „gangbaren Weg" - eine Entwicklungsstrategie finden, die die benachteiligte wirtschaftliche Lage lösen kann. In diesem Zusammenhang bietet sich die mikroregionale Kooperation an, die die Weiterentwicklung der ländlichen Gemeinden vereinfacht und unterstützt. Besonders auf dem Lande ist es sehr wichtig eine Verknüpfung zwischen der Siedlung und der umgebenden Landschaft zu schaffen, so dass ein zusammenhängendes Ganzes entsteht. Dabei handelt es sich nicht nur um die raumschaffende Funktion der Vegetation in der Landschaft, sondern auch um eine Reihe von verschiedenen Funktionen, wie zum Beispiel die ökologischen, sozialen, wirtschaftlichen und ästhetischen Funktionen.

Der kulturhistorisch bedeutendste Freiraum des Dorfes, der Dorfanger, hat seine Identität schrittweise verloren. Der Anger war damals ein attraktiver und lebendiger Freiraum, ein Zentrum des gesellschaftlichen Lebens und Geschehens. In vielen Gemeinden hat sich der Anger im Laufe der Zeit, wenn auch mit guten Absichten, in einen überfüllten Park oder eine Baumreihe verwandelt. Der Anger als Freiraum hat seine kulturhistorische Identität verloren. Die historischen urbanen Siedlungsachsen haben sich in Verkehrskorridore verwandelt, was ihre historische Bedeutung und ihre soziale Funktion degradiert hat. Weitgehend aufgetreten ist die Beseitigung oder der Verfall von historischen Denkmälern und Landschaftsstrukturen. Sakralelemente, die ein traditioneller und integraler Bestandteil der Landschaftsräume und ein typisches Begleitelement der Feldwege waren, sind schrittweise verschwunden oder geraten - gezeichnet vom Zahn der Zeit - in Vergessenheit. Die Dorfbewohner haben ihr Verhältnis zur Landschaft verloren – sie kennen die Feldwege, die

Wiesenvegetation und die lokale Fauna nicht mehr. Sie gehen nicht mehr entlang des Baches auf die Wiese oder in den Wald spazieren. Der Kontakt und die Verbindung zwischen Siedlung und Landschaft und vor allem zwischen Mensch und Landschaft sind verschwunden.

Die Neugestaltung ländlicher Räume spielt daher eine sehr wichtige Rolle in der aktuellen Landschaftsarchitektur und legt dabei einen Schwerpunkt auf die Erhaltung und Erneuerung der traditionellen, historischen und kulturellen Werte und der sozialen Identität.

Es soll gleiche Aufmerksamkeit auf die Erneuerung der städtebaulichen Struktur wie auch auf die Revitalisierung der Landschaftsräume gelegt werden. Der Dorfkern mit dem Anger muss weiterhin als der wichtigste Ort des Dorfes und Träger einer bestimmten Siedlungscharakteristik wahrgenommen werden, der nicht radikal umzubauen, sondern empfindsam umzugestalten ist.

Das entscheidende Ziel der Erneuerung der Dorfplätze ist die Rückkehr der ursprünglichen Funktionen, denn der Platz ist der wichtigste Ort des Dorfes. Jedes Dorf, jede Kleinstadt steht vor der Aufgabe, seine/ihre Eigenart zu entdecken und auszudrücken.

Die aktuellen Strömungen der Dorfplanung verfolgen die Absicht, die Siedlung mit der Landschaft zu verknüpfen und dadurch ein umfassendes Ganzes in der Form einer Kulturlandschaft zu schaffen. Um diese Voraussetzungen und Anforderungen zu erfüllen, ist der Greenways-Ansatz, der die Schaffung von „Grüngürteln" und „grünen Netzen" auf ökologischer, urbaner, landschaftsgestalterischer, sozialer und wirtschaftlicher Ebene durchsetzt, besonders gut geeignet.

1. Mikroregionale Kooperation ländlicher Gemeinden

Um eine nachhaltige Entwicklung einer Gemeinde erreichen zu können, ist es sehr wichtig, dass jede Gemeinde ihre eigene Position und Identität im Kontext der Regionalentwicklung findet. In diesem Zusammenhang bietet sich eine sehr interessante Perspektive für die ländlichen Räume der Slowakei an: die sogenannte Mikroregion (auch mikroregionale Kooperation bzw. mikroregionaler Gemeindeverband genannt).

> „[…] Unter dem Begriff „Mikroregion" kann ein geographisch begrenztes Gebiet verstanden werden, das bestimmte gemeinsame Merkmale (wie z.B. natürliche, demografische, historische, kulturelle usw.) aufweist. [...]" *(Slowakische Umweltagentur, 2008, Übersetzung d. Verf.).*

Wir können eine Mikroregion auch als einen freiwilligen Gemeindeverband definieren, der aus ländlichen Gemeinden und Kleinstädten gebildet wird. Seine Aufgabe ist es gemeinsame Probleme zu lösen und gemeinsame Entwicklungsstrategien und –wege für das zuständige Gebiet zu finden. Ländliche mikroregionale Verbände entstehen auch, um effektive Entwicklungsprogramme für eine Aufwertung der Lebensqualität am Land vorzubereiten. Die mikroregionalen Gemeindeverbände initiieren die Entwicklung der einzelnen Gemeinden und bereiten Programme und Dokumente vor (wie z.B. Raumplan, Raumentwicklungskonzept, Landschaftsplan, Programm für sozioökonomische Entwicklung, Strategie für nachhaltige Entwicklung usw.). Die Gemeindeverbände können um finanzielle Unterstützungen aus nationalen (slowakisches Programm für Dorferneuerung) sowie europäischen Quellen (z.B. Strukturfonds der EU) ansuchen. Eine gezielte Zusammenarbeit der ländlichen Bevölkerung mehrerer Gemeinden und ihr Interesse an der Gründung von Vereinigungen, der Aufteilung der Zuständigkeiten, an Problemen und an Gewinnen führen zur „Munizipalisierung" ländlicher Gemeinden. Diese stellt in Westeuropa das Grundprinzip der öffentlichen Verwaltung auf kommunaler Ebene dar *(Slowakische Umweltagentur, 2008, Übersetzung d. Verf.).*

Für die Aufwertung der Kooperation slowakischer Kleinregionen können positive Beispiele aus dem deutschsprachigen Raum angeführt werden. Die mikroregionale Kooperation in Österreich und Deutschland funktioniert nämlich seit Jahren sehr gut und kann demnach als eine wertvolle Quelle mehrjähriger Erfahrungen dienen.

Als Beispiel aus Österreich können wir Kleinregionen im Rahmen der Regionalentwicklung in Niederösterreich erwähnen. Eine dieser Kleinregionen ist das „Retzer Land", ein Teil der Region Weinviertel. Die Retzer Land-Regionale Vermarktungs-GmbH ist ein kooperativer–privatrechtlicher– Zusammenschluss der Gemeinden Retz, Hardegg, Zellerndorf, Pulkau, Schrattenthal und Retzbach mit der Hotelerrichtungs- und Betriebsgesellschaft „Althof Retz", dem Tourismusverein Retz, der Wein-Dachmarke „Weingüter Retzer Land", dem Wirtschaftsverein „Gut gemacht Retz" und dem Club „Weinviertler Gastlichkeit" sowie der Familie Graf Pilati und dem Bauernladen „Retzer Land".

Das Ziel dieser Organisation ist die professionelle Vermarktung der Kleinregion. Zu den Aufgaben der Geschäftsführung gehören unter anderem die Budgeterstellung, die Entscheidungsfindung, die

Lukrierung von Fördergeldern über LEADER, INTERREG, private Geldgeber etc., die innovativen Projektideen und die Projektleitung, das Außen- und Innenmarketing und auch die Mitarbeiterführung. Im Vergleich zu anderen Initiativen ist das Retzer Land als erfolgreich und vorbildlich zu bewerten *(Retzer Land, 2011)*.

Aus Deutschland kann auch ein sehr interessantes Beispiel vorgestellt werden. Es ist die Stadt Nettetal, die sich als *„Seenstadt am Niederrhein"* präsentiert. Interessant vor allem deswegen, weil es sich um keine typische Stadt im städtebaulichen Sinne handelt. Die Begründung dafür ist sehr einfach: Nettetal ist aus fünf ländlichen, vorwiegend landwirtschaftlich geprägten Gemeinden entstanden: Breyell, Hinsbeck, Kaldenkirchen, Leuth und Lobberich *(zu den Stadtteilen zählt auch Schaag – der südliche Teil von Breyell)*.

> „[...] Nach dem zweiten Weltkrieg nehmen alle fünf Gemeinden in ihrer Weise eine aufstrebende Entwicklung: das seinen dörflichen Charakter wahrende Leuth, das ebenfalls durch landschaftliche Schönheit begünstigte "Bergdorf" Hinsbeck, die Gemeinde Breyell, ein traditionsreicher Handelsplatz, das seit dem 17. Jahrhundert mit den Merkmalen einer Grenzstadt aufwartende Kaldenkirchen und das seit 1964 mit Stadtrechten ausgestattete Lobberich. [...]" *(Optendrenk, T., Stadt Nettetal, 2011)*.

Die Stadt Nettetal entstand im Jahre 1970, als die kommunale Neugliederung die Eigenständigkeit der Gemeinden beendet hat. Rein städtebaulich und landschaftsplanerisch gesehen können wir feststellen, dass die räumliche Struktur von Nettetal eher an eine Kleinregion als an eine Stadt erinnert *(siehe Abbildung 1)*.

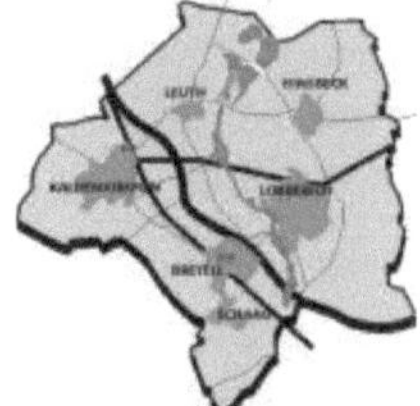

Abbildung 1: Karte der Stadt Nettetal mit den sechs Stadtteilen und der Seenkette (Stadt Nettetal, 2011).

Die angeführten Beispiele aus Österreich und Deutschland stellen ein Vorbild und eine Inspiration für die slowakischen ländlichen Gemeinden und Kleinregionen dar, weil die mikroregionale Kooperation in diesen Ländern sehr gut funktioniert. Die Erfahrungen dieser prosperierenden Kleinregionen in den deutschsprachigen Ländern können auch der Entwicklung slowakischer Kleinregionen einen sehr positiven Impuls geben. Hinter den bewährten Strategien muss aber immer eine starke und „peppige" Idee stecken, die dann das ganze Kooperationsprojekt trägt. In der Slowakei gibt es ziemlich viele Kleinregionen, wo aber die Kooperation nicht wirklich funktioniert. In der Nitraer Region (Westslowakei) befinden sich insgesamt 26 Mikroregionen. Eine von diesen ist der Gemeindeverband der Mikroregion „Cergát-Váh", der sich im Bezirk Nové Zámky befindet. Dieser Verband wird von 7 ländlichen Gemeinden gebildet: Jatov, Rastislavice, Tvrdošovce, Palárikovo, Zemné, Andovce, Komoča. Die Raum- und Landschaftsstruktur dieser Mikroregion kann mit der Struktur der Stadt Nettetal verglichen werden *(siehe Abbildung 2)*.

Diesen Gemeindeverband können wir aber nicht gleichzeitig auch als mikroregionale Kooperation bezeichnen. Der Grund dafür: derzeit existiert keine oder nur eine vernachlässigbare sozioökonomische Zusammenarbeit zwischen der Gemeinden der Mikroregion „Cergát-Váh" bzw. gemeinsame Entwicklungsstrategie oder –konzept. Hier kann aber eine Perspektive für die Zukunft bzw. ein Ausgangspunkt gesehen werden. Durch Zusammenarbeit der Gemeinden des Verbandes kann eine gemeinsame Entwicklungsstrategie für den kleinregionalen Tourismus bzw. Agrotourismus, sowie auch für die sozioökonomische, industrielle und landwirtschaftliche Kooperation ausgearbeitet werden. Für

Abbildung 2: *Karte der Mikroregion „Cergát-Váh" (Slowakische Umweltagentur, abgerufen am 30.12.2011)*

Unterstützung und Entwicklung des kleinregionalen Tourismus kann die „Greenways" Strategie eingesetzt werden, die die Stärkung und Aufwertung der mikroregionalen Struktur auf ökologischer, sozioökonomischer und städtebaulicher Ebene erzielen würde. Durch eine dynamische Weiterentwicklung der Mikroregion wird dann auch die lokale Wirtschaft der einzelnen Gemeinden gestärkt.

Vor kurzem haben drei Gemeinden der Kleinregion „Cergát-Váh" (Tvrdošovce, Palárikovo und Jatov) einen neuen Bürgerverein („Die lokale Aktionsgruppe Cergát-Váh") gegründet. Die lokalen Aktionsgruppen entstehen in der letzten Zeit in mehreren Kleinregionen, um eine integrierte Strategie für die Entwicklung des Gebietes auszuarbeiten. Diese Strategie soll vor allem die Weiterentwicklung der Gemeindeverbände unterstützen, aber auch ihre Chancen für Beschaffung von finanziellen Mitteln aus Förderprogrammen verbessern. Diese Initiativen können wir als einen positiven Beitrag zur Entwicklung slowakischer Dörfer und Gemeindeverbände bezeichnen. Ein Nachteil der lokalen Aktionsgruppe „Cergát-Váh" ist, dass sie nur von drei Gemeinden der Mikroregion gebildet wird. Es führt nämlich zur Fragmentierung der Kleinregion. Lösung für dieses Problem wäre die Gründung einer weiteren lokalen Aktionsgruppe innerhalb der Mikroregion, die mit der bestehenden Aktionsgruppe zusammenarbeiten würde. So könnte sich die ganze Kleinregion gleichmäßig und gleichzeitig weiterentwickeln.

2. Planungskonzepte

Planungs- und Entwicklungskonzepte stellen eine notwendige Grundlage für die Planungspraxis dar.
Sie werden auf nationaler, regionaler und lokaler Ebene ausgearbeitet. Ihr Ziel ist es, ein komplexes
Leitbild und eine klare Leitlinie für die Region oder die Gemeinde festzulegen. In diesem Kapitel
werden slowakische Planungskonzepte dargestellt und mit österreichischen und deutschen Konzepten
verglichen. Es gibt einige Unterschiede zwischen Planungszugängen in diesen Ländern, wobei zu
betonen ist, dass die Landschaftsplanung in der slowakischen Planungspraxis deutlich vernachlässigt
wird. Die angeführten Beispiele aus Ausland sollen als Inspiration oder Empfehlung für die
slowakische Planungspraxis verstanden werden.

In der Slowakei wird für die größeren Gemeinden und Städte der Raumordnungsplan (ROP)
ausgearbeitet. Alle Gemeinden mit einer Einwohnerzahl über 2000 sind verpflichtet einen ROP
ausarbeiten zu lassen. Im ROP wird ein komplexes Leitbild für die zukünftige Raumordnung und
Landnutzung der Gemeinde und des Katastralgebietes erarbeitet. Im ROP werden wichtige Prinzipien,
Aufgaben, Ziele, Rahmenbedingungen und Maßnahmen für eine positive Raumentwicklung festgelegt.
Bei der Konzipierung eines ROP muss besonders auf den Umweltschutz, die Erhaltung und Stärkung
der ökologischen Stabilität und auf den Schutz der kulturhistorischen Werte des Gebietes geachtet
werden. Die Raumentwicklung und Landschaftsplanung des Gebietes müssen in Übereinstimmung mit
den Grundsätzen der nachhaltigen Entwicklung sein.

Ein sehr wichtiger Bestandteil des ROP ist das territoriale System der ökologischen Stabilität, dessen
Ziele die Elimination der negativen antropogenen Auswirkungen auf die Umwelt und die Verstärkung
der ökologischen Stabilität der Landschaft sind.

Der Erfolg und die Qualität der Raumordnungsdokumentation liegen in der interdisziplinären
Zusammenarbeit von Spezialisten für Wirtschaft, Landschaftsarchitektur, Städtebau, Architektur,
Verkehrsplanung, Ökologie, Hydrologie und anderen Professionen. Für den ROP gilt das Gesetz Nr.
50/1976 Coll. über Raumplanung und Bauordnung.

Die Landschaftsplanung in der Slowakei hat im Vergleich zur Raumplanung keine gesetzliche
Unterstützung und es wird daher kein verbindlicher eigenständiger Landschaftsplan aufgestellt. Die
Ergebnisse der Landschaftsplanung werden in den ROP aufgenommen. Die Landschaftsplanung stellt
die effiziente Nutzung natürlicher Ressourcen fest und ihr Ziel ist die ökologische Optimierung der
Bewirtschaftung der Landschaft. Daher kann auch das territoriale System der ökologischen Stabilität,
das ein Bestandteil der Raumordnungspläne ist, als eines von mehreren Ergebnissen der
Landschaftsplanung bezeichnet werden.

In den folgenden Beispielen werden die österreichischen und deutschen Planungskonzepte vorgestellt.
Sie werden einigermaßen unterschiedlich konzipiert und können zur Verbesserung slowakischer
Planungskonzepte und Beseitigung der Mängel dienen.

Für eine progressive und nachhaltige Entwicklung österreichischer Regionen und Gemeinden wird auf regionaler Ebene das „Regionale Entwicklungskonzept" und auf lokaler Ebene das „Räumliche Entwicklungskonzept" erarbeitet. Beide sind in der Planungspraxis als „REK" bekannt. Ergebnisse der Gemeinde- und Stadtplanung sind Stadtentwicklungskonzepte und Raumordnungskonzepte. Im Rahmen der Raumplanung in Österreich wird auch der Flächenwidmungsplan, der sogenannte „FLÄWI", erarbeitet. Der FLÄWI besteht ähnlich wie der slowakische ROP aus einem Textteil und einem Plandarstellungsteil. Er ordnet jedem Grundstück der Gemeinde und des Katastralgebietes eine bestimmte Widmung zu, die festlegt, wie das Grundstück genutzt werden kann (z.B. Bauland, Grünland/Freiland, Verkehrsfläche usw.).

In der deutschen Planungspraxis wird auf lokaler Ebene auch der Landschaftsplan verfasst. Er beinhaltet ua. Zielsetzungen für Freiflächen und Entwicklungsziele für Natur und Landschaft. Er wird für das gesamte Gemeindegebiet aufgestellt und ist die ökologische Grundlage für die Bauleitplanung, speziell die Flächennutzungsplanung. Im §11 des Bundesnaturschutzgesetzes wird der Landschaftsplan rechtlich festgelegt.

Die vorgestellten Beispiele aus dem deutschsprachigen Raum zeigen, dass die Landschaftsplanung ebenso eine wichtige Rolle in der Planungspraxis spielt wie die Raumplanung. Diese Tatsache ist als eine gewisse Belehrung für die slowakischen PlanerInnen zu betrachten.

In dem folgenden Kapitel werden die sogenannten Greenways vorgestellt und charakterisiert. Sie können als ein wertvolles Instrument der zeitgenössischen Raum- und Landschaftsplanung dienen. Der Charakterisierungsschwerpunkt wird vor allem auf die Entstehung, Bedeutung, Prinzipien und Funktionen der Greenways gelegt.

3. Der „Greenways" Ansatz als zeitgenössisches Planungsinstrument

Die aktuellen Trends der Gestaltung des ländlichen Raumes folgen der Absicht, die Siedlung mit der Landschaft zu verknüpfen und ein komplexes Ganze in Form einer Kulturlandschaft zu schaffen. Diese Voraussetzungen und Anforderungen können wir durch Verwendung der amerikanischen Greenways Theorie erfüllen. Die Greenways setzen die Schaffung von „grünen Wegen" durch, die grüne Netzwerke auf ökologischer, städtebaulicher, landschaftsarchitektonischer, sozialer und wirtschaftlicher Ebene bilden.

> „Die grünen Wege und Netze sind wie das Eisenbahnnetz, in dem auch zuerst einzelne Segmente entstanden sind, die sich dann schrittweise verknüpft haben, bis ein komplexes Netz entstanden ist." (Fabos,J. Gy., 1995, S. 4, Übersetzung d. Verf.)

Der städtebauliche Ansatz der „Grünen Wege und Netze" („The Greenway Movement") wurde im Jahre 1987, während der Präsidentenkommission über die amerikanischen Freiräume (President´s Commission on the American Outdoors, USA, 1987) geprägt. Als Vision für die Zukunft wurde eine Theorie des lebendigen Netzwerkes der grünen Wege (A Living Network of Greenways) ausformuliert. Seitdem haben sich mehrere Autoren in der ganzen Welt mit dem Thema „Greenways" beschäftigt. Einer der ersten Autoren war Charles

Little, der sich in seinem Buch „Greenways for America" (1990) genau mit diesem Thema beschäftigt hat.

Die meisten Autoren, so auch Charles Little, bestimmen Frederick Law Olmsted (1822-1903) den Planer des New Yorker Central Parks, als den Initiator oder auch als den ersten „Grünen-Weg-Planer" in den USA. Simson (u.a.) sehen die Anfänge des „Greenway Movement" auch in der Theorie von Ebenezer Howards (1850-1928) „Garden Cities of To-Morrow" (1898). Auch in der Charta von Athen (1933) einigte man sich darüber, Grün- und Freiräumen besser zu planen/gestalten. Der Schwerpunkt in dieser Charta lag auf der hygienischen, Verbindungs-, Erholungs- und Isolierungsfunktion der Grünräume. Die Theorie der grünen Wege wurde an der Massachusetts Universität in der Stadt Amherst von Fabos und Ahern in den 1990er Jahren ausführlicher definiert. In ihrem Buch „Greenways: The Beginning of an International Movement" (1996) wird die Theorie der grünen Wege eingehend vorgestellt.

3.1. Greenways – Prinzipien, Aufgaben und Funktionen

Anfangs wurde diese landschaftsarchitektonische Stellung mit drei Funktionen definiert (Fabos, Ahern 1995, Übersetzung d. Verf.):

- die grünen Wege (Greenways) sind ökologisch signifikante Korridore und Natursysteme

- sie bilden aktive Erholungssysteme für die BewohnerInnen, wobei bestehende Wegenetze (Fußwege und Radwege) erweitert werden, um den Kontakt zu Erholungsflächen wie Wasserläufen und anderen Räumen für die Naherholung zu verbessern

- die grünen Wege verbinden Natur- und Kulturwerke des historischen Erbes.

Später wurde den grünen Wegen auch die Bedeutung für Natur- und Landschaftsschutz zugeordnet. Sie sind positiv von der Öffentlichkeit wahrgenommen worden und dienten als Vergleich der traditionellen (historischen) und modernen Grünflächen und –strukturen.

> „Die grünen Wege sind Netzwerke bestehend aus linearen Elementen, die bereits in der Landschaft vorzufinden sind. Grundsätzlich werden sie für mehrere Funktionen, wie der ökologischen, kulturellen, ästhetischen und der Erholungsfunktion (u.a.) geplant, entwickelt und verwaltet, wobei sie immer auch mit dem Konzept der nachhaltigen Landnutzung vereinbar sein müssen." (Ahern, 2010, S. 560, Übersetzung d. Verf.)

Die Greenways sind multifunktionelle Wege für nicht-motorisierte BenutzerInnen und verbinden Gemeinden, lokale Initiativen, Natur- und Kulturerbe und fördern eine gesunde Umwelt und Lebensweise (Murphy und Mourek, 2010, S. 65, Übersetzung d. Verf.).

Die Greenways werden initiiert, entwickelt und verwaltet von den lokalen Gemeinden. Sie fördern die nachhaltige Entwicklung ländlicher Räume und den Naturschutz und wirken sich auch auf die lokale Wirtschaft, Beschäftigung und den aktiven nachhaltigen Tourismus bzw. die Mobilität sehr positiv aus. Durch Greenways wird eine bessere Verbindung zwischen Mensch und Natur ermöglicht. Sie bieten ein Netzwerk von Kommunikationen für FußgängerInnen, RadfahrerInnen, ReiterInnen und auch für BenutzerInnen mit eingeschränkter Mobilität. Es kommt zur Verbesserung der Beziehungen zwischen den BürgerInnen und wird ein gesunder Lebensstil der BewohnerInnen gefördert. Die aktuelle Richtung der Greenways-Planung in Mitteleuropa führt zur engeren Verknüpfung des Programms mit den Transport-Themen, wie z.B. sichere Schulwege und Mobilitätspläne (Murphy, Mourek, 2010, S. 69, Übersetzung d. Verf.).

Der kulturelle Kontext von Greenways ist als eine Interaktion zwischen Menschen und der natürlichen Umwelt während der historischen Entwicklung des Dorfes wahrzunehmen.

Der typische Kulturkern des Dorfes ist in der Regel der Ort, wo die meisten Sozial-, Erholungs-, Religions- und kommerziellen Aktivitäten stattfinden. Da diese Orte so von den Einheimischen als auch von Touristen frequentiert benützt und besucht werden, erhält sich ihre gute visuelle und materielle Qualität. Die potentiellen Erholungsmöglichkeiten werden unterstützt, was einen positiven Einfluss auf die lokale Wirtschaft und auch auf die kulturelle Identität und Einzigartigkeit des Dorfes hat (Fabos, Ahern, Lindhult, 1993, Übersetzung d. Verf.).

Die Greenways mit historischem Erbe und kulturellen Werten locken die Touristen und bieten Erholungs-, Bildungs-, Wahrnehmungs- und Wirtschaftsvorteile, die eine hohe Qualität des Wohnumfeldes in der Nähe der Greenways sichern (Fabos, 1995, Übersetzung d. Verf.).

Das Greenways-Konzept wird in verschiedenen Ländern unterschiedlich interpretiert. Manche Initiativen legen Nachdruck mehr auf die ökologische Funktion, andere eher auf die Verkehrs- und Sozialfunktion. Die Europäische Greenways Assoziation (Eng. European Greenways Association – EGA) definiert die Greenways als Verkehrskorridore, die entlang unabhängigen Straßen gegründet werden (alte oder ungenützte Kommunikationen, Fuß- und Radwege), die für den nicht-motorisierten

Verkehr zugänglich. Nach EGA sollen Greenways die folgenden Kriterien erfüllen: Zugänglichkeit, Sicherheit, Kontinuität, und Umweltschutz. Wichtig ist das Dienstleistungsangebot (Unterkunft, Kultureinrichtungen, gastronomische Einrichtungen usw.) wie auch die Verfügbarkeit von Informationen in Form von Karten und Broschüren.

Anhand der Literaturrecherche zum städtebaulichen Ansatz der „Grünen Wege und Netze" im amerikanischen und europäischen Raum wurden die wichtigsten Prinzipien und Funktionen dieses Ansatzes ausgewählt und in der folgenden Tabelle abgebildet. Die Funktionen sind je nach der Bedeutung und Charakter in vier Ebenen zusammengefasst.

Ökologische Ebene	Baulich-räumliche Ebene	Sozialebene	Wirtschaftsebene
Biokorridoren, Biozentren, Interaktionselemente und Natursysteme; Bedeutung für Natur-, Umwelt- und Landschaftschutz	Ästhetische, gestalterische und Wahrnehmungsfunktion, visuell-landschaftsbildende und kompositorisch-räumliche Bedeutung, stadtbildendes Element	Erholungsfunktion	Land- und forstwirtschaftliche Funktion
Förderung der nachhaltigen Landnutzung, Entwicklung und Lebensweise; Verknüpfung von größeren Landschaftsräumen, vorhandenen und geplanten Grünflächen	Verbindungs- und Verkehrsfunktion	Bildungsfunktion	positive Wirkung auf die lokale Wirtschaft
	Verknüpfung innerstädtischer Räume; Verbindung des Stadtgebietes mit dem umgebenden Landschaftsraum	kulturelle Funktion	positive Wirkung auf den nachhaltigen Tourismus
Verstärkung der ökologischen Stabilität des Gebietes	Einbindung wichtiger Quell- und Zielpunkte und öffentlicher Einrichtungen	Partizipation bei Gestaltung und Pflege des grünen Netzes	positive Wirkung auf die Mobilität
stadtökologische und stadtklimatische Funktion	multifunktionelle Wege für nicht-motorisierte BenutzerInnen	sichere und attraktive Schulwege	

Tabelle 1: Überblick der Prinzipien und Funktionen der „Grünen Wege und Netze" (Tóth, 2011, S. VII_7)

Die ökologische Ebene dominiert vor allem in den Theorien der europäischen LandschaftsplanerInnen und AutorInnen. Die baulich-räumliche Ebene enthält die städtebaulichen Funktionen der „Grünen Netze", von denen die Verbindugs- und Verkehrsfunktion von größter Bedeutung sind. Der gesellschaftliche Beitrag ist in zwei Ebenen aufgelistet, in denen die sozialen und wirtschaftlichen Werte und Funktionen des „Grünen Netzes" zusammengefasst sind.

4. Landschaft und Siedlung

In der Raum- und Landschaftsplanung muss die Landschaft und die Siedlung als ein zusammenhängendes Ganzes verstanden werden. Wir können nicht nur alleine die Landschaft oder alleine die Siedlung planen, da es sehr wichtige Verbindungen, Beziehungen und Wechselwirkungen zwischen Siedlung und Landschaft gibt. Diese Kompaktheit darf in der Planungspraxis nicht vernachlässigt, ignoriert oder gebrochen werden. Bei der Planung müssen wir mit diesen Verbindungen rechnen und sie akzeptieren, erhalten und mit Planungsinstrumenten bestärken.

Die Landschaftsstruktur und Vegetation ländlicher Räume hängt sehr eng mit der Landnutzung zusammen. Anhand der überwiegenden Landnutzung können wir verschiedene Landschaftstypen differenzieren. Die Siedlung als solche stellt den urbanisierten Landschaftstyp dar, die umgebende Landschaft kann je nach der vorwiegenden Landnutzung einen landwirtschaftlichen oder einen forstlichen Landschaftstyp aufweisen. Ein Phänomen des 20. und des 21. Jahrhunderts ist der sogenannte industrielle Landschaftstyp, der sich meistens in der Kontaktzone zwischen Siedlung und Landschaft befindet.

Die meisten Probleme entstehen derzeit wegen des unregulierten Wachstums der Siedlung in die Landschaft hinein und auch wegen der Entstehung und des nachfolgenden Wachstums von Industrieobjekten (wie z.B. Industrieparks oder Logistikzentren) in den Kontaktzonen, die oft auf Wiesen oder auf den fruchtbarsten Böden wie Pilze aus der Erde schießen.

Die forstlichen und landwirtschaftlichen Landschaftstypen haben unterschiedliche Kennzeichen, Landschaftsstrukturen und ein eigenes charakteristisches Gepräge. Die äußere Erscheinung der Landschaftsstruktur nennen wir Landschaftsbild. Das Landschaftsbild wird nicht nur durch die Landnutzung, sondern auch durch das Land, die Region, die historische Landnutzung, die Meereshöhe und durch andere Faktoren bestimmt.

Jede Region hat eine wesenseigene Landschaftsstruktur und dadurch auch ein charakteristisches Landschaftsbild. Für die südwestliche Region der Slowakei ist z.B. das Flachland mit raumgreifenden Äckern und mit einem geringen Anteil der Gehölzstrukturen in Form von Kleinwälder und Kräuterbewüchse in Form von Wiesen und Weiden charakteristisch. Für das Landschaftsbild eines Vorgebirgsgebietes ist eine wellige Landschaftsstruktur mit einem niedrigeren Anteil der Äcker und höheren Anteil der Wälder typisch. Die Streuobstwiesen sind charakteristisch unter anderem für das Landschaftsbild von Mostviertel in Österreich.

Ein wichtiges Element des Landschaftsbildes stellen die historischen Landschaftsstrukturen dar. Wir können sie ruhig als Freilichtmuseum bezeichnen, da sie einen klaren Nachlass darstellen, der uns unterrichtet, wie die Landschaft vor Jahrzehnten oder Jahrhunderten genützt wurde. Die historischen Landschaftsstrukturen sind eindeutig ein wichtiger Bestandteil unseres kulturhistorischen Erbes.

Die Vegetationsstrukturen der ländlichen Landschaft entsprechen den bestimmten Landschaftsstrukturen. Die Vegetationsstrukturen der offenen Landschaft bestehen aus Äckern, Wiesen, Weiden, Hainen und Wäldern. In den Kontaktzonen zwischen Siedlung und Landschaft befinden sich Naherholungsgebiete wie Parkwälder und Waldparks und Produktionsflächen wie Weinberge, Obstgärten, Gartenkolonien, Gärten und andere. Je nach Klima und Meereshöhe gibt es unterschiedliche Vegetationstypen. Z.B. entlang der Wasserläufe im Tiefland sind das die weichen Auwälder (Weiden und Pappeln) und harten Auwälder (Eschen, Ulmen und Eichen).

4.1. Verbindung zwischen Siedlung und Landschaft

Eine ländliche Gemeinde/Kleinstadt und ihre umgebende Landschaft sollen zusammen ein harmonisches Landschaftsbild schaffen. Dieses komplexe Landschaftsbild können wir nur so erreichen, wenn wir die Siedlung mit der Landschaft optisch verknüpfen. Diese visuelle Verknüpfung ist mit Gestaltungsmitteln der Landschaftsarchitektur (vor allem mit Bäumen in Punkt-, Linien- oder Flächengruppierung) möglich. Es können Soliterbäume, Baumgruppen, Baumreihen, Allen oder größere Baumbewüchse sein. Die visuelle Verbindung zwischen Siedlung und Landschaft war in der Vergangenheit selbstverständlich, da die Dörfer organisch, aber empfindsam zur Landschaft gewachsen sind. Damals gab es „Eingangsalleen" in die Dörfer, Begleitvegetation entlang der Straßen, Wasserläufen und der Eisenbahn, wie auch Rainer zwischen den Ackerfeldern, Kleinwälder um die Dörfer oder imposanten Soliterbäume an Kreuzungen, Sakralobjekten oder Feldgrenzen. Mit der Zeit sind diese Vegetationsstrukturen entweder gänzlich oder im hohen Maße verschwunden. Die Aufgabe der aktuellen Landschaftsarchitektur ist es, diese Vegetationsstrukturen zu erneuern und dadurch auch die ökologische Stabilität der Landschaft zu erhöhen. Die Alleen und Begleitvegetation der Straßen und der Wasserläufe bindet das Dorf in die Landschaft hinein. Die Soliterbäume und Streuobstwiesen erhöhen die ästhetische Qualität des Landschaftsbildes, was eine sehr positive Wirkung auf die Wahrnehmung der Landschaft ausübt. Die größeren Baumbewüchse sind ein Gestaltungsmittel der Landschaftsarchitektur, mit dem wir die unästhetischen Elemente des Landschaftsbildes verdecken und die schönen Elemente unterstützen und umrahmen können.

4.2. Ländliche Siedlungs- und Flurformen

Die Physiognomie des ländlichen Raumes ist vielfältig und komplex. Die bestehenden Siedlungs- und Flurformen können nur durch historischen Kontext erklärt werden. Derzeit sind die historischen Formen des ländlichen Raumes wegen des Trends zur Uniformierung gefährdet. Oft erfolgt eine unkritische Übertragung, Angleichung und Vermischung der städtischen und ländlichen Siedlungsweise (Weber, 2011, S. 4)

Die verschiedenen Siedlungs- und Flurformen können wir als Bestandteil der historischen Landschaftsstruktur und dadurch auch des kulturhistorischen Erbes wahrnehmen.

Die unterschiedlichen Flurformen sind zurückzuführen auf: natürliche Verhältnisse, verschiedene Pflugtechniken, unterschiedliche Bodennutzungssysteme, Agrarverfassung, Familienverfassung, unterschiedliche Regelungen im Erbrecht, Messtechnik, ethnische Zugehörigkeit bzw. Traditionen der Siedler. Die Flur ist eine parzellierte landwirtschaftliche Nutzfläche (Ackerflächen, Wissen, Weiden, Brachflächen) eines Siedlungs- oder Wirtschaftsverbandes – im Regelfall einer Katastralgemeinde. Nach der äußeren Form der Grundstücke können wir die Blockflur (Verhältnis Breite : Länge = 1:1 bis

1:2,5) und die Streifenflur (Verhältnis Breite : Länge = 1:2,5 bis 1:50) unterscheiden. Nach der Anordnung der Grundstücke können wir die Einödflur (zu einem Hof gehörende Grundstücke in arrondierter Lage) und die Gemengeflur (zu einem Hof gehörende Grundstücke sind über die gesamte Gemarkung verstreut) (Weber, 2011, S. 19-22).

Die Siedlungsformen ergeben sich aus Verhältnis von Freiflächen, Verkehrsflächen und bebauten Flächen. Die Siedlungs- und Flurformen korrespondieren miteinander: Einödblocklur – Einzelhöfe; Hufenflur – Zeilen und Reihendörfer; Block- und Blockstreifenflur – Weiler und Haufendörfer; Gewann- und Streifenverbandsflur – Straßen-, Graben- und Angerdörfer. Je nach Form können wir punktuelle (Streusiedlung), lineare (Straßendorf, Zeilendorf), flächige Siedlungsformen (Haufendorf) und Platzsiedlungen (Rechtecklatzdorf, Rundplatzdorf, Angerdorf) unterscheiden. Die Angerdörfer sind mittelgroße, planmäßige Siedlungen, deren Gehöfte in lockerem bis dichtem Abstand einen großen Platz umschließen, der eine rechteckige, dreieckige oder andersartige Gestalt haben kann und durch die Erweiterung der Dorfstraße entstanden ist (siehe Abbildung 3). Für das Angerdorf ist eine ausgeprägte Längserstreckung der Freifläche typisch. Der Anger diente als Kommunikationsfläche, Gerichtsplatz, Viehweide oder Platz für Kirche und Schule mit Dorfbrunnen und Gemeindeteich (Weber, 2011, S. 31-45).

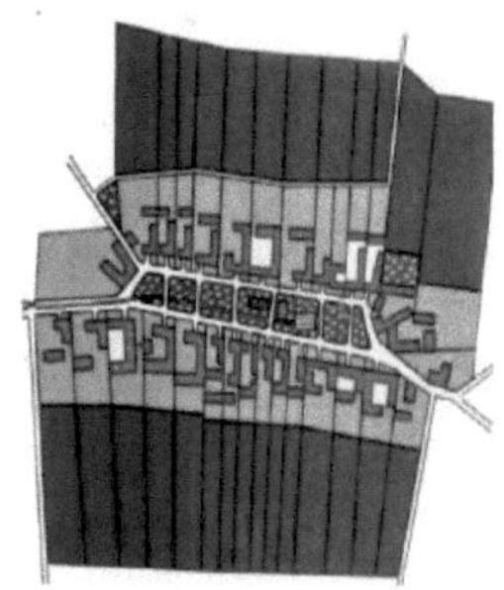

Abbildung 3: Baulich-räumliche Struktur eines Angerdorfes (Weber, 2011)

5. Baulich-räumliche Struktur und Architektur des Dorfes

Die baulich-räumliche Struktur ist einer der Faktoren, die eine Stadt von einem Dorf unterscheiden. Typisch für ein Dorf ist eine niedrigere Bebauungsdichte. Die Dorfhäuser sind meistens eingeschossig mit einem Dachboden bzw. Dachgeschoss. Zum Landhaus gehört ein großer Garten, der ursprünglich ein Nutzgarten war, derzeit meistens als Erholungsgarten dient. Da die Dörfer organisch gewachsen sind und nicht geplant wurden, sind die Dorfstraßen krummlinig. Die städtebauliche Dominante des Dorfes ist die Kirche bzw. der Kirchturm. Die Kirche ist meistens in der Dorfmitte situiert. Die städtebauliche Hauptachse des Dorfes ist die Hauptstraße oder der Anger.

Die städtebauliche Struktur der Dörfer ist weniger dicht als die städtische. Dadurch ist auch die Einwohnerzahl pro Quadratmeter viel niedriger als im städtischen Raum. Die Bebauungsstruktur ist maximal bis zu zwei Stockwerken hoch. Die wichtigste städtebaulich-architektonische Dominante des Dorfes ist die Kirche, bzw. auch mehrere Kirchen. Die Kirche befindet sich meistens auf dem Dorfplatz oder Anger. In manchen ländlichen Gemeinden gibt es auch additive städtebaulich-architektonische Dominanten in Form von Klöstern, Schlössern, oder in manchen Fällen auch Burgen. Die Straßen sind derzeit in vielen Dörfern überdimensioniert und zu breit.

Die traditionelle Dorfarchitektur (auch Volksarchitektur genannt) ist ein wichtiges Merkmal ländlicher Gemeinden. Sie ist ohne Projekte und Pläne entstanden, von lokaler Tradition und lokalen Wirtschafts-und Materialbedingungen ausgegangen und hat sich der umgebenden Landschaft angepasst. Neben der Funktionsfähigkeit, die damals die erstrangige Anforderung war, sind in der Volksarchitektur auch die ästhetische Empfindung, und der Sinn für die Schönheit und Harmonie mit Umgebung sehr deutlich wahrnehmbar (Dudák et al., 2000, Übersetzung d. Verf.).

Bei den traditionellen Hofformen ist ein reines Wohnhaus historisch ungebräuchlich. Die Höfe waren immer ein Verband von Wohnen und Arbeiten (Landwirtschaft, Handwerk, Handel). Die reinen Wohnsiedlungen entstehen erst in der ersten Hälfte des 20. Jahrhunderts. Es gibt acht Faktoren, die Gestalt und Form der Gehöfte bestimmen: Klima, Baugrund und Bauplatz (Standort), Baumaterial, Betriebsgröße, Vorbilder und Vorschriften, Versorgungslage, Bauzweck und Gefahren. In unterschiedlichen Regionen sind verschieden Hofformen verbreitet.

In Westösterreich sind das die Einhof- und Paarhofformen, in Ober- und Niederösterreich die Dreiseit- und Vierseithöfe, in Steiermark und Kärnten der Haufenhof und von Weinviertel bis Südburgenland die Streck- und Hakenhöfe, die auch in der Westslowakei verbreitet sind. Beim Streckhof werden die Wohn-, Stall-, Scheunen- und Schuppentrakt hintereinander in einer Linie angeordnet. Beim Hakenhof wird die Scheune quergestellt und schließt den Hof an der Rückseite ab (siehe Abbildung 4). Die Verbreitungsgebiete der Streck- und Hakenhöfe sind die östlichen und südöstlichen Flachlandschaften (Weber, 2011, S. 5-15).

Burgenländischer Hakenhof

Quelle: Stenzel

Abbildung 4: *Der burgenländische Hakenhof (Weber, 2011)*

5.1. Grün- und Freiräume im Dorf

Die Dörfer, im Gegensatz zu den Städten, waren immer im engen Kontakt mit der umgebenden Landschaft. Die Wiesen, Viehweiden, Haine, Wälder und alte Obstgärten waren ein natürlicher Bestandteil ländlicher Gemeinden. Dies hat sich mit der Zeit nicht besonders verändert, wobei in manchen Ortschaften bzw. Regionen, z.B. in landwirtschaftlich geprägten Gebieten sind die Wälder kleiner geworden oder die Wiesen zugebaut worden. Trotzdem gab es kein Bedürfnis und keinen Grund dafür, auf dem Lande Grünräume anzulegen und zu gestalten. Die DorfbewohnerInnen waren eng mit der Landschaft verbunden. Damals gab es keine Parks in den Dörfern. Sie waren ein typischer Bestandteil städtischer Räume. Natürlich mit der Verstädterung und Urbanisierung ländlicher Räume hat sich auch diese Situation verändert. So können wir heute im Dorf einen fürs Land unnatürlichen Freiraum – den Park – entdecken.

Die Parks wurden meistens an der Stelle des Angers oder des Dorfplatzes angelegt. Oft wurden auch Bäume auf den Wiesen oder Dorfbrachen angepflanzt. In manchen Fällen hat die Parkanlegung die ästhetische und räumliche Qualität des Ortes aufgewertet. In anderen Fällen ist es aber nicht besonders gut gelungen und der Geist des Ortes und das kulturhistorische Erbe wurden durch Parkanlegung entwertet. Dies passierte oft bei gut gemeinten Baumanpflanzungen auf dem Anger. So wurde in vielen Dörfern der Anger zu einer uniformen Baumreihe, in schlechteren Fällen sogar zur Nadelbaumwand oder „Thujenwand" verwandelt und der ursprüngliche Genius Loci ist verloren gegangen.

5.2. Der Dorfkern als Zentrum des Lebens und Geschehens

Der Dorfkern in Form von Dorfplatz, Anger oder ihrer Kombination (Anger mit zentralem Platz) war damals und ist immer noch der wichtigste Ort der Gemeinde. Der Dorfplatz war ein Zentrum des Lebens und Geschehens, ein Ort, wo Märkte organisiert wurden, wohin die DorfbewohnerInnen am Sonntag in die Kirche und nach der Messe spazieren gegangen sind. Das zeitgenössische Potenzial dieses Ortes steckt vor allem in der repräsentativen und Freizeitfunktion. Der Platz ist der attraktivste Ort des Dorfes. Ein Ort für Weihnachtsmärkte, Kirchweih- und Folklorfeste, Spaziergänge und Begegnungen in attraktiver Umgebung (Grün- oder Freiraum) oder Plauderei beim Kaffee im Terassencafé. Wir könnten aber auch zahlreiche Negativbeispiele der Dorfplatzgestaltung auflisten, wo der Kirchplatz zu einer Verkehrsinsel oder einem Kreisverkehr geworden ist. Der Weg zum Erfolg ist, dass die Bürgermeisterin oder der Bürgermeister versteht, dass der Dorfplatz das wichtigste Merkmal und der hauptrepräsentative Ort der Gemeinde ist. Ein Ort, der allen BesucherInnen im Gedächtnis bleibt. Anhand dieser Tatsachen können wir festlegen, dass der Dorfkern der Schwerpunkt der Dorferneuerung sein soll.

6. Partizipative Planung – ein möglicher Weg zum Erfolg

Die Planung und Neugestaltung der Dorffreiräume sollte nicht ohne Teilnahme der BewohnerInnen am Planungsprozess erfolgen. Die BürgerInnen sind doch die derzeitigen und zukünftigen NutzerInnen der Freiräume, die wir als potenzielle MitarbeiterInnen und nicht als Entwicklungsgegner wahrnehmen sollten. Die DorfbewohnerInnen aus verschiedenen NutzerInnengruppen können uns mit eingehender Kenntnis ihres Dorfes und seiner Historie, Probleme und Bedürfnisse helfen.

Die Tatkraft und der Zusammenhalt waren seit je die Triebkraft des Landes. Die Dorffreiräume werden von den DorfbewohnerInnen als ein eigener gemeinsamer Raum wahrgenommen. Sie haben eine wesentlich unterschiedliche Beziehung zu ihrer Freiräume als die StadtbewohnerInnen. Aus dieser Verbundenheit ergibt sich für die PlanerInnen eine Moralverpflichtung, auf die Mitarbeit mit den BürgerInnen im Planungsprozess nicht zu vergessen. Durch aktive Beteiligung der DorfbewohnerInnen am Prozess der Neugestaltung ihrer eigenen Gemeinde können wir ein höheres qualitatives Niveau des Projektes erreichen. Die BürgerInnen werden eine positive Stellung zur Dorferneuerung beziehen. Sie werden das Neugestaltungsprojekt teilweise für ihr eigenes halten. Ihre Zufriedenheit wird die Auszeichnung des Projektes und der PlanerInnen.

Zusammenfassung

Die vorgelegte Projektarbeit stellt einen komplexen Leitfaden für nachhaltige Planung, Neugestaltung und Entwicklung ländlicher Räume dar. Die Arbeit fasst wichtige Informationen über die ländlichen Räume zusammen. Es werden Probleme ländlicher Gemeinden strukturiert auf drei Planungsebenen (Mikroregion – Katastralgemeinde – Siedlung) dargestellt. Zu diesen Problemen werden in einzelnen Kapiteln mögliche Strategien und Lösungen angeboten. Die Arbeit wurde so zusammengestellt, dass die Ergebnisse nicht spezifisch und nicht nur für eine konkrete Gemeinde nutzbar sind, sondern dass sie allgemein für Dorferneuerung und Dorfentwicklung verwendbar sind. Die Arbeit kann auch als Unterrichtsunterlage für Fächer über nachhaltige Dorferneuerung, Dorfentwicklung oder landschaftsarchitektonische Gestaltung ländlicher Räume verwendet werden. Diese Zusammenfassung des Themas der Landschaftsarchitektur ländlicher Räume kann von StudentInnen der Studienrichtungen Landschaftsplanung und Landschaftsarchitektur als eine Studienunterlage verwendet werden.

In der Praxis kann dieser umfassende Leitfaden als eine allgemeine Anleitung für Neugestaltung und Entwicklung ländlicher Gemeinden in der Slowakei verwendet werden, da er sich nicht nur mit einem konkreten Dorf beschäftigt, sondern mit ländlichen Gemeinden im Allgemeinen. Die Bedeutung dieser Projektarbeit für die Praxis liegt vor allem in den verarbeiteten Entwicklungsstrategien, Planungsansätzen und Planungsanweisungen für die Planung ländlicher Räume auf mikroregionaler, Landschafts- und Siedlungsebene. Diese Zusammenfassung wichtiger Informationen stellt für die PlanerInnen einen nützlichen Leitfaden dar.

Die Projektarbeit kann auch als eine Themenübersicht für die Erarbeitung komplexerer Fach- und Forschungsarbeiten in den Bereichen Landschaftsplanung und Landschaftsarchitektur, Entwicklung ländlicher Räume, Raum- und Gemeindeplanung dienen.

Literaturverzeichnis

AHERN, J., 1995; Greenways as a planning strategy, Landscape and Urban Planning, Vol. 33,Issues 1-3, pp 131-155

AHERN, J., 2010; Sustainability and Cities: a landscape planning approach. In Proceedings of Fábos Conference on Landscape and Greenway Planning 2010. Budapest July 8-11, Hungary, ISBN 978-963-503-409-3

DUDÁK, V. et al. Encyklopedie světové architektúry. Od menhiru k dekonstruktivizmu. Praha : Baset, 2000, 1029 S.

European Greenways Association. 2011. Greenways. [online]. 2011, [abgerufen am 2011-11-29]. Verfügbar im Internet: <http://www.aevv-gwa.org/site/1Template1.asp?DocID=144&v1ID=&RevID=&namePage=&pageParent=>.

FÁBOS, J. Gy., 1995; Introduction and overview: the greenway movement, uses and potentials of greenways, Landscape and Urban Planning, Vol. 33, Issues 1-3, pp 1-13

FABOS, J. Gy., AHERN J., LINDHULT M., 1993; Blackstone Heritage Greenway Planning and Development. In *The Uxbridge Case Study*, 1993. Massachusetts Agricultural Experiment Station, Research Bulletin Number 745, 223 S.

FÁBOS, J.Gy. – AHERN, J., 1995: Greenways: The Beginning of an International Movement. Elsevier, Amsterdam.

FÁBOS, J. Gy. – RYAN, R. L., 2004; International greenway planning: an introduction, Landscape and Urban Planning, Vol. 68, Issues 2-3, pp 43-146

LITTLE, C.E., 1990: Greenways for America. Johns Hopkins University Press, Baltimore.

MURPHY, D. – MOUREK, D., 2010; Central European Greenways – Designing International Corridors of Sustainable Development. In *Proceedings of Fábos Conference on Landscape and Greenway Planning*. 2010. Budapest July 8-11, Hungary, ISBN 978-963-503-409-3

OPTENDRENK Theo. 2011. Geschichte. In Stadt Nettetal – Seenstadt am Niederrhein [online]. 2011. [abgerufen am 2011-12-30]. Verfügbar im Internet unter: <http://www.nettetal.de/>.

Retzer Land im Weinviertel. 2011. Akteure und Leitbild. In *Retzer Land GmbH* [online]. 2011. [abgerufen am 2011-12-30]. Verfügbar im Internet unter: <http://www.retzer-land.at/>.

Slovenská agentúra životného prostredia (Slowakische Umweltagentur). 2008. Definícia mikroregionálnych združení (Definition mikroregionaler Vereinigungen). In *Mikroregióny SR (Mikroregione der Slowakei)* [online]. 2008. [abgerufen am 2011-12-30]. Verfügbar im Internet unter: <http://www.sazp.sk/mikroregiony/>.

Slovenská agentúra životného prostredia (Slowakische Umweltagentur). 2008. Význam mikroregionálnych združení obcí (Bedeutung mikroregionaler Gemeindevereinigungen). In *Mikroregióny SR (Mikroregione der Slowakei)* [online]. 2008. [abgerufen am 2011-12-30]. Verfügbar im Internet unter: <http://www.sazp.sk/mikroregiony/>.

SUPUKA, J. – FERIANCOVÁ, Ľ. et al. 2008. Vegetačné štruktúry v sídlach – Parky a záhrady. Slovenská poľnohospodárska univerzita v Nitre. ISBN: 978-80-552-0067-5

SÝKORA, J. 1998.Venkovský prostor,Územní plánovaní vesnice a krajiny.Praha : ČVUT. 1998. 156 S.

ŠARAFÍN, M. 1994. Škola obnovy. Moje námestie. In Nedeľná pravda, 994a, č. 26, s.22. ISSN 0044-4863

ŠARAFÍN, M. – TÓTH, A. 2011. Ako by mala vyzerať dedinská ulica. In *Obecné noviny – Týždenník miest a obcí, roč. 21, 2011, č. 42., s. 17.*

TÓTH, A. 2011. Theorie der Grünen Netze. In Nachhaltige Stadtplanung und –entwicklung am Beispiel der Stadt Salzburg : projekt. Viedeň : Universität für Bodenkultur Wien, 2011. s. VII_3-6, 205 s.

TÓTH, A. – FERIANCOVÁ, Ľ. 2011. Vidiecke sídlo – súčasť kultúrnej krajiny / Rural Village as Part of the Cultural Landscape. In *Zborník príspevkov zo študentskej vedeckej konferencie FZKI 2011*. Nitra : SPU v Nitre, 2011, s. 227-233. 233 s. ISBN 978-80-552-0676-9

TÓTH, A. 2011. Spolu za krajšiu dedinu. In *Obecné noviny – Týždenník miest a obcí, roč. 21, 2011, č. 41., s. 17.*

TÓTH, A. 2010. Krajina – naše životné prostredie, ale i zodpovednosť. In *Udržateľný spôsob života: Zborník esejí finalistov študentskej súťaže v roku 2010*. Bratislava : Geografický ústav SAV a STUŽ/SR, Bratislava, 2010, s. 9-11. 26 s. ISBN 978-80-970076-7-6

WEBER, G. 2011. Siedlungswesen im ländlichen Raum. In *VO 855.317 Ländliche Entwicklungsplanung – Einheit V (Vorlesungspräsentation)*. Wien : BOKU - Universität für Bodenkultur, IRUB, 2011, 53 S.